美肌特权色

让你瞬间年轻10岁的色彩搭配经

黑眼圈、皱纹、脸色黯沉等
"面子问题"立即消失！

（日）保坂真里奈　著
卞　磊　译

辽宁科学技术出版社
·沈阳·

序

在这个世界上的缤纷颜色中，有一种神奇的色彩，只要把它装扮于身，就能使皮肤变得紧致透亮，让人看起来年轻10岁。

这种色彩于你而言，可以称之为一种特权，这就是"美肌特权色"。

同样的，这个世界也有另外一种颜色，它能让人显得脸色晦暗，皮肤问题暴露无遗，看起来苍老了许多。一旦把这种颜色装扮于身，会使平日呵护备至的皮肤变得黯淡无光，整个人也没了吸引力，这就是"灾难色"。

我做色彩顾问将近10年，曾帮助一千多名顾客找到了她们的"美肌特权色"。每当看到各年龄段的女性，因为"美肌特权色"发生了让人惊叹的改变，我就忍不住感叹"美肌特权色"效果显著。同时，也为那么多人因为"灾难色"没能达到最美的效果，感到无比遗憾。

举个例子。有个30岁的女性来到我的工作室接受色彩诊断，她近期突然长了很多色斑。当她穿着"美肌特权色"的衣服去接受色斑治疗，推开诊疗室门的那一瞬间，医生惊叹道："你的色斑变淡了好多！"

几年前，一个接受过色彩诊断的五十出头的女性，也因为着装色彩的改变判若两人。她一直追求成熟的时尚感，总是穿老年人比较钟爱的黑色、茶色系衣服。而诊断结果表明，这些她常年钟爱的色彩是她的"灾难色"。

她的"美肌特权色"居然是她一直认为绝对不适合自己的、几十年来一次也没有穿过的色彩。

诊断之后，她马上去商场买了很多"美肌特权色"的衣服，这么一来，她相识多年的朋友都纷纷夸她"最近怎么变漂亮了"。

以前不论她自己还是周围的朋友，都认为她是个朴素得略带土气的女性。那是因为她一直使用"灾难色"装扮自己，如同给自己施了可怕的魔咒。"仅仅是衣服颜色的改变，就使我发生这么大的改变，仿佛连人生都改变了。"她发出这样的感慨。已迎来60岁花甲的她，却绽放着宛如40岁的年轻光芒。

正如以上所说，"美肌特权色"能给大家带来超乎想象的效果。由于色彩选择的不同，既能让人看起来年轻10岁，也能让皮肤问题暴露无遗，使整个人苍老许多。仅仅根据个人喜好来搭配色彩，实际上是很危险的做法。

如果能理解"美肌特权色"的含义并能灵活运用……想到这里，是不是激动得心怦怦乱跳？明明没有减肥也没有去做美容，却被问道："去做美容了吗？""最近瘦了？""最近突然变漂亮了，用了什么办法？"如果能找到属于自己的"美肌特权色"，你的时尚度会大幅上升，年轻10岁的你会变得信心满满，每天的生活都生机勃勃。"美肌特权色"是的确能改变人生的神奇色彩。

本书通过事前准备、第1步、第2步3个对色彩的选择阶段，让大家理解"美肌特权色"的含义。我花了很大的功夫，把通常需要做3个小时的色彩诊断的精髓做了浓缩，让大家在10分钟内完成这3个阶段。也就是说，仅仅用10分钟的时间，就能让你年轻10岁。之后，通过最后一个步骤，让你达到"美肌特权色"的极致，使一直以来的灰姑娘变成众人瞩目的白雪公主。

快点翻开书，探寻你的"美肌特权色"吧。

目录

Contents

序………………………………………………………… 2

第一章　使用美肌特权色，让自己
　　　　变得美丽动人

瞬间年轻 10 岁 ………………………………………10

年轻 10 岁——展示年龄差距的美肤效果！ ……12

多数人不适合黑色………………………………………16

米黄色是适合所有人的安全色吗? ………………17

美肌特权色发现一览表…………………………………18

第二章　美肌特权色不可思议的力量

让皮肤看起来美丽的特权色　让皮肤看起来
　晦暗的灾难色…………………………………22

竟如此的不同！美肌特权色与灾难色…………24

专栏 ①　不可思议的色彩错觉　……………25

美肌特权色的五大特点…………………………26

第三章　去寻找能使皮肤光彩照人的
美肌特权色

准备活动…………………………………………30

色彩比对纸的使用方法…………………………32

诊断要点…………………………………………33

事前准备　寻找外套、夹克中的美肌特权色……34

第 1 步　弄清自己的美肌特权色属于哪个色系……38

第 2 步　弄清自己的美肌特权色是明还是暗……42

专栏 ②　两张照片的悬殊差别　…………………46

第四章　完全活用美肌特权色

活用亮黄色系的美肌特权色………………………48

活用暗黄色系的美肌特权色………………………52

活用亮蓝色系的美肌特权色………………………56

活用暗蓝色系的美肌特权色………………………60

专栏 ③　如何佩戴安抚心灵的颜色和幸运色………64

第五章　探寻美肌特权色的极致

第 3 步　探寻美肌特权色的极致能使你从灰姑娘
　　　　变成白雪公主………………………………66

亮黄色系美肌特权色的极致……………………… 67

暗黄色系美肌特权色的极致⋯⋯⋯⋯⋯⋯⋯⋯⋯⋯ 68

亮蓝色系美肌特权色的极致⋯⋯⋯⋯⋯⋯⋯⋯⋯⋯ 69

暗蓝色系美肌特权色的极致⋯⋯⋯⋯⋯⋯⋯⋯⋯⋯ 70

灾难色的补救方法⋯⋯⋯⋯⋯⋯⋯⋯⋯⋯⋯⋯⋯⋯ 71

专栏 ④　既有美肌特权色，也有灾难色的
　　　　衣服怎么办 ⋯⋯⋯⋯⋯⋯⋯⋯⋯⋯⋯⋯ 73

寻找能够带来美体效果的颜色⋯⋯⋯⋯⋯⋯⋯⋯⋯ 74

结束语⋯⋯⋯⋯⋯⋯⋯⋯⋯⋯⋯⋯⋯⋯⋯⋯⋯⋯ 76

附　色彩比对纸（16 张）

第一章

使用美肌特权色，让自己变得美丽动人

只要用"她"装扮于身，就能让人年轻 10 岁的美肌特权色。

下面介绍"她"非凡的效果。

瞬间年轻 10 岁

美肌特权色有着能让你年轻 10 岁、变得青春漂亮的非凡效果。你为此需要做的就是穿上这种颜色的衣服。

仅仅改变穿着,你的皮肤就会瞬间变得细腻平滑、美丽夺目,宛如涂了一种特殊的粉底,脸部肌肤变得白里透红,紧致有光泽。

黑眼圈、色斑、痘痕、毛孔粗大等皮肤问题不再明显,色斑看起来几乎消失了。鼻唇沟、皱纹等也不再凸显。

相反,穿上灾难色的衣服,会显得眼袋明显,整个人看起来很疲惫,给人留下比实际年龄大很多的印象。

美肌特权色有紧致下颚线条、瘦脸的意外效果。并且它能使眼睛变得黑白分明,炯炯有神,给人自信、干练的印象。

美肌特权色的效果就是如此明显。

灾难色 + 美肌特权色

戴上美肌特权色的围巾，肌肤似乎马上变得透明，给人生机勃勃的青春感。

灾难色

黑眼圈突出，皮肤晦暗。

美肌特权色

换上美肌特权色的毛衣，马上显出一种光彩夺目的美。虽然是相同的形象设计，给人的印象却和左边的照片完全不同。

年轻 10 岁——展示年龄差距的美肤效果

　　美肌特权色仅靠改变衣服的颜色就能带来各种各样令人兴奋的效果。更让人高兴的是，它是没有年龄限制的。更具体地说，年龄越大，变年轻的效果越明显。

　　举个例子。有一个 72 岁的女性，她用美肌特权色装扮自己之后，周围的朋友都惊叹道："我一直以为你 50 多岁呢！"

　　接下来介绍的 3 位顾客在穿了美肌特权色的服饰后，都如同刚刚美容归来，变得水灵灵、生机勃勃，一下子年轻了很多。

　　45 岁的顾客像 30 多岁，36 岁的顾客像 20 多岁，60 岁的顾客像 40 多岁。因为面色红润，倍显年轻，连脸上的表情也自信了。

　　不论什么年龄段的女性，都能不费钱、不费时、不费力，仅靠衣着颜色的改变而倍显年轻。这就是美肌特权色了不起的地方。

变身之前皮肤晦暗，给人苍老的感觉。换上美肌特权色的衣服后宛如刚刚美容归来，皮肤白里透红。

30 多岁

45 岁

灾难色

美肌特权色

变身之前虽然穿着亮蓝色的衣服，却给人黯淡的印象。换上美肌特权色的衣服之后，灰色调的衣服使整个人变得活泼明快。

20 多岁

36 岁

灾难色　　　　　　　　　　美肌特权色

变身之前皱纹很明显,给人衰老的感觉。换上美肌特权色的衣服之后，瞬间拥有 40 岁的年轻态。

40 多岁

60 岁

灾难色

美肌特权色

多数人不适合黑色

脸色很差，
黑眼圈突出。

肌肤紧致透亮。

灾难色

美肌特权色

是不是经常能听到这样的话："黑色适合任何人，是安全色。"

这是比较欧美人与亚洲黄种人得到的看法。欧美人金发碧眼，身上天生附着各种各样的色彩。

相比之下，亚洲黄种人的头发眼睛基本上都是黑色的，所以和欧美人相比，"黑色适合任何人，是安全色。"

但据我的经验，穿黑色仅有 1/10 的人可能达到非常漂亮的效果，剩下的九成是必须和其他的颜色搭配才能穿出效果的，或者干脆变成了可怕的灾难色，这是必须避免的。

有人因为黑色能让人显得纤瘦而钟爱它。认为"黑色能让人显得纤瘦漂亮"的观点仅仅抓住了它的一个特点。其实另一方面，黑色能让人的脸色显得晦暗，看起来身体健康状况不好。实际上是多数人长时间习惯了这种状态，渐渐地就察觉不到黑色其实是不适合自己的。

米黄色是适合所有人的安全色吗?

肌肤黯淡，人看
起来也很不起眼。

肌肤透亮白皙，
脸部有了立体感。

灾难色 美肌特权色

"米黄色和肤色很接近，作为安全色推荐给大家。"

米黄色和黄种人的肤色接近度高，这种说法大概不会引起异议。

但米黄色的陷阱就在于它和皮肤的接近度高。七成人穿上米黄色之后，肌肤会变得晦暗无光，面部表情显得呆板无神，整个人都不起眼了。

如果米黄色是你的美肌特权色，那么穿米黄色就不会有呆板、不起眼的感觉，反而会让你面色透亮白皙，整个脸部都很有立体感。

但一般人的肤色因为和米黄色过于接近，看起来很容易造成衣服和面部连成一体的错觉。你的目标不是有一张呆板、不起眼的脸，而应该是一张精致、考究的面庞。生活中关于黑色和米黄色的说法，听起来仿佛很有道理，实际上其中有各种各样的陷阱。

美肌特权色发现一览表

本书通过 3 步选择就能让你找到自己的美肌特权色。仅用 10 分钟就能完成。请根据自己的第一感觉，不要过多地思考，连贯地进行选择。

预备时间
（约2分钟）

在这个步骤中需要准备的颜色

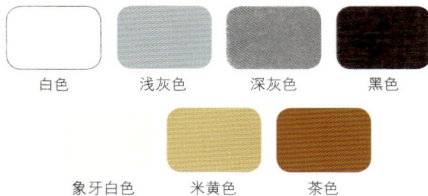

白色	浅灰色	深灰色	黑色

象牙白色	米黄色	茶色

诊断出外套、夹克的美肌特权色

在这步，让眼睛习惯各种各样的色彩，通过选择找到外套、夹克等基础服饰的美肌特权色。

第1步
（约3分钟）

在这个步骤中需要准备的色彩

粉红色	天蓝色	赤红色

樱红色	橘黄色	金黄色

诊断出美肌特权色的色系

美肌特权色是
黄色系

美肌特权色是
蓝色系

第2步

（约5分钟）

在这个步骤中需要准备的颜色

白色	象牙白色	米黄色	浅灰色
普蓝色	天蓝色	玫红色	赤红色
橘黄色	金黄色	草黄色	

美肌特权色的判断

诊断出美肌特权色的明暗度

美肌特权色属
亮色系黄色

美肌特权色属
暗色系黄色

美肌特权色属
亮色系蓝色

美肌特权色属
暗色系蓝色

第3步

（约5分钟）

(**达到美肌**
特权色的极致)

亮色系黄色

明快澄清
明快鲜艳
浓烈鲜艳

暗色系黄色

黯淡素雅
朴素温和
古雅厚重
暗黄浓重

亮色系蓝色

明快澄清
明快鲜艳
浓烈鲜艳
蓝黑浓重

暗色系蓝色

泛白的浅蓝
素雅平和
昏暗浑浊

从这里出发，开始寻找能够让你
年轻 10 岁的终极色彩。

→

第二章

美肌特权色不可思议的力量

　　美肌特权色可以让皮肤变得美丽闪亮，让我们去探寻这不可思议的神秘色彩吧。

让皮肤看起来美丽的特权色
让皮肤看起来晦暗的灾难色

你有没有这样的经历，明明身体没有什么不适，却被问道："怎么脸色这么难看，不要紧吧？"

你有没有这样的经历，相同设计的衣服，仅仅因颜色不同，换上后却变得超乎一般的美丽。

为什么会这样呢？因为人的脸色会随着衣服颜色的不同而产生完全不同的视觉效果。

为什么面部肤色会严重地受衣着颜色的影响呢？实际上这只是一个小小的科学现象。

请看下一页图片。对比左右两侧的肌肤，左侧的肌肤看起来白皙美丽。

你一定会想："啊？难道不是两种不同的肤色？"请仔细观察下页的图片，两种肤色之间有一根细棒相连接，左右两侧实际上是同样的肤色。

为什么左侧的肤色看起来美丽动人？这正是美肌特权色不为人知的关键所在。

人类的眼睛有一种特性。虽然在观察一种颜色的时候很准确很客观，但面对两种结合在一起的色彩时，就会产生错觉，感受到的是与真实色彩完全不同的效果。

因此，衬托肤色的颜色不同，既可能像左图一样，使肌肤看起来美丽动人；也可能像右图一样，使肌肤看起来黯淡无光。

如图 不同颜色映衬下的相同肤色给人完全不同的印象。

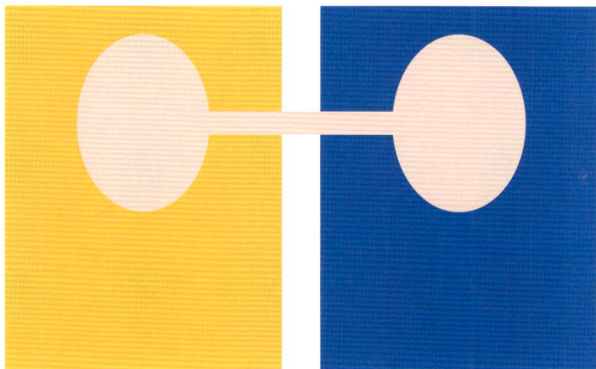

比较而言，左侧肤色的视觉效果更佳。但事实上两者颜色相同。

这种能造成肌肤美丽视觉感的色彩，就是美肌特权色。

　　而使皮肤变得黯淡无光的色彩就是灾难色。如果用这种色彩装扮自己，身体明明没有不适，却会被周围的人问道："身体是不是不舒服？"

　　这种在人们眼中产生的"色彩错觉现象"，决定了你只要牢牢掌握美肌特权色，就能给人年轻、美丽的感觉。

竟如此的不同！美肌特权色与灾难色

美肌特权色

1 肌肤看起来光滑美丽

2 肌肤紧致透亮

3 色斑、毛孔、痘痕等不再明显，较淡的皮肤问题基本消失

4 黑眼圈、鼻唇沟不再明显

5 变得精神抖擞，脸看起来也小了很多

6 面部皮肤柔软、面色红润

7 眼睛炯炯有神，给人舒畅感

灾难色

1 肌肤黯淡无光，看起来很不健康

2 肌肤紧绷没有弹性

3 毛孔、痘痕越发明显，色斑明显增多

4 黑眼圈更重、鼻唇沟更深

5 下颚发黑，面部松弛

6 脸颊泛红、略显浮肿

7 目光呆滞，昏昏欲睡

专栏 ①

不可思议的色彩错觉

日常生活中，颜色也起着非同一般的作用。

举个例子，超市或者百货商店里真空包装的金枪鱼生鱼片，一般都会在周围添加一些深绿色的叶状装饰品。

对于红色的金枪鱼来说，深绿色就是美肌特权色。因为它可以让鱼肉显得新鲜可口。如果用颜色鲜亮的草黄色装饰，金枪鱼就会显得色泽黯淡，看起来很难吃，因为草黄色是金枪鱼的灾难色。

再讲一个被大家津津乐道的例子。你是否注意到手术室的墙壁是淡淡的绿色？既然是手术室的墙壁，清新干净的白色不是更好吗？为什么是淡绿色呢？

图1　　　　　　　　　　　图2

请看图1。请目不转睛地注视着中央的红点，慢慢地数10个数，接着请快速将视线移至图2。是不是在白色方框内看见一个淡淡的绿点呢？

这是因为持续盯着红色，眼前会留下淡淡的绿色残像。如果手术室的墙是白色的，那么医生的眼前会若隐若现地看见绿色的残像，时间长了他们的眼睛会很疲惫，所以将墙壁涂成绿色是非常科学的。

美肌特权色的五大特点

一　美肌特权色因人而异

　　经常听见这样的话："黄种人穿某种颜色的衣服显得很漂亮。"

　　确实，因为有着相近的肤色，就很容易被认为拥有同样的美肌特权色。

　　实际上美肌特权色因人而异。某个人的美肌特权色对另外一个人来说也许就是灾难色。这种情况为数不少，这是为什么呢？

　　这是因为每个人的皮肤色素有微妙的区别。具体地说，构成肤色的胡萝卜色素、血色素的比例，动脉、静脉对表皮颜色的影响等决定了美肤反应。正是这些细微的不同，从本质上决定了某个颜色是美肌特权色还是灾难色。"皮肤白皙的人群有着这样的美肌特权色，皮肤黝黑的人群有着那样的美肌特权色"，这种想当然的判断方式是很危险的。黄种人的美肌特权色也是因人而异的。

二　即使被阳光灼伤、年龄增大，美肌特权色也不会变化

　　"如果被太阳灼伤或者年龄增大，美肌特权色也会有所变化。"可能很多人都这么认为。实际上美肌特权色是一生不变的。因为决定它的是血色素等色素比例以及动脉、静脉在表皮的呈现方式，是一种特有的肤色。被阳光灼伤或者年龄增加、皮肤变黑等现象是因为黑色素增加造成的，决定你肤色最基本的色素构成并没有改变。

三　美肌特权色和五官、性格没有关系

　　如同 P23 显示的，即使没有口鼻眼等五官，也没有加入人的性格，肤色的状态还会因为衬托色的不同而在透明度等方面产生很大的差距，美肤效果显而易见。因此，性格、五官等和美肌特权色没有任何关联。要想找到真正的美肌特权色，请大家牢记五官、气氛、性格等不是决定它的原因。

四　　美肌特权色不止一个

也许你会听到这样的说法: 美肌特权色只有一种。实际上我们可以从粉红色系、红色系等各种各样的颜色中找到美肌特权色。也就是说, 美肌特权色是富有变化的。因为时尚的选择项本来就不止一个。"今天想选代表年轻的绿色""今天想穿有女人味的粉红色", 我们可以根据自己的想法塑造形象。

五　　美肌特权色是一个系列

不仅仅是衣服, 你身上所有的色彩都存在美肌特权色, 比如粉底、口红、腮红、眼影等化妆品的颜色。或者眼镜框架、耳环、领带、戒指、手表等直接接触皮肤的装饰品, 头发的颜色、指甲的颜色等等, 都有属于你的美肌特权色, 如果运用得好, 可以发挥非同寻常的美肤作用。

第三章

去寻找能使皮肤光彩照人的美肌特权色

能让你年轻 10 岁的美肌特权色。

简单的步骤，

就能诊断出属于你的色彩。

使用本书附录的彩页选择美肌特权色。除此之外，请做好准备工作。为了能顺利有效地进行选择，请事先做好以下 6 种准备。

1 保持屋内光线明亮

需要一间有自然光或明亮的日光灯（*）灯光的房间。

黄色灯光或蓝白色灯光照明的房间不符合要求。

* 和日光相近的白色

2 准备一面可以照全上身的镜子

推荐使用能照到胸部以上的镜子。如果洗手间的灯光是明亮的日光灯就可以使用。

3 卸妆

因为需要根据肤色、黑眼圈、色斑等的程度来判断色彩反应，所以素颜效果最好。

4 请着白色上衣

如果穿彩色上衣，色彩诊断会相对麻烦，所以请穿白色上衣，或用白色浴巾围住其他颜色的上衣。

5 请撩起刘海儿

刘海儿用发卡固定住，露出前额。推荐染过彩发的人用黑色的发带把头发包起来。

6 准备好色彩比对纸

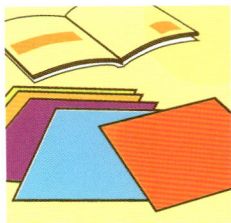

把书后面的色彩比对纸剪下来，平铺在桌子上。

色彩比对纸的使用方法

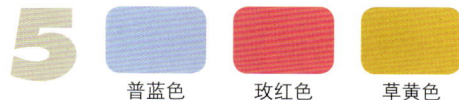

1 白色　浅灰色　深灰色　黑色

2 象牙白色　米黄色　茶色

3 粉红色　天蓝色　赤红色

4 樱红色　橘黄色　金黄色

5 普蓝色　玫红色　草黄色

　　通常情况下，给顾客做色彩诊断的时候，需要把各种颜色的布料平举着以映衬面部肤色，这里用书后面的彩页代替也能达到同样的效果。

　　本书有 16 页彩页，用这些彩页映衬面部肤色，就能发现属于你的美肌特权色。

　　并不是说这 16 页彩页一定会有属于你的美肌特权色，这些只是用来做诊断的色彩。

　　首先，为了方便使用，请把 16 页彩页剪下来，按照上面的图表分成五组，摆在桌子上。

　　之后就能很顺利地进入美肌特权色的选择阶段。

诊断要点

交替使用不同的色彩比对纸映衬面部肤色，观察对比产生的不同的效果。

在选择颜色的时候，请如上图照片所示把色彩比对纸平放在面部以下，使自己能看到包括面部在内的整个上半身，感觉如同艺术馆内的肖像。请不要只拿着一种色彩的书签一直盯着观察，而是如上图照片一样，一手拿灰色一手拿黑色，用两种色彩交替映衬面部，比较产生的不同效果。

3 大要点

1. 皮肤是不是看起来光滑美丽？
2. 黑眼圈、色斑是不是变得不再明显？
3. 鼻唇沟、皱纹是不是变得不再明显？

事前准备
（约2分钟）

寻找外套、夹克中的美肌特权色

在这个步骤中使用的色彩比对纸

白色　　　　　浅灰色　　　　深灰色　　　　黑色

象牙白色　　　米黄色　　　　茶色

　　要想找到自己的美肌特权色，对颜色的敏感性至关重要。

　　首先，我们穿的外套、夹克多是黑色、灰色、茶色、米黄色的，通过这些基础色的对比来提高眼睛对色彩的敏感度。

　　同时，在对比这些颜色的过程中发现属于自己的美肌特权色。

　　外套、夹克的色彩面积大，适当地使用美肌特权色，不仅能把肤色映衬得很美丽，整个人也会变得清爽。

　　这一步需要 2 分钟的时间。不要过多地思考，看一眼之后根据第一印象迅速做出选择。在无从选择的时候，暂时停下来，找时间再试几次。

1 比较 4 种颜色，标出序号

比较白色、浅灰色、深灰色、黑色 4 种颜色，并标出序号。

要点

显得脸色苍白、肌肤问题突出的色彩排序靠后

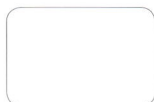   

白色   浅灰色   深灰色   黑色

（   ）号   （   ）号   （   ）号   （   ）号

2 比较 3 种颜色，标出序号

同样的，请比较象牙白、米黄色、茶色 3 种颜色，并标出序号。

要点

显得肌肤黯淡无光、面部呆板无神的色彩排序靠后

象牙白色   米黄色   茶色

（   ）号   （   ）号   （   ）号

3 比较序号同为1号的2种颜色

比较上文1、2中排序为1号的两种颜色，并标出序号。

无可争议，在这一步胜出的颜色是外套、夹克的美肌特权色

2 中的 1 号
例如：象牙白色
（　　）号

1 中的 1 号
例如：白色
（　　）号

4 比较序号同为2号的3种颜色

比较上文1、2、3中序号同为2号的三种颜色，并标出序号。

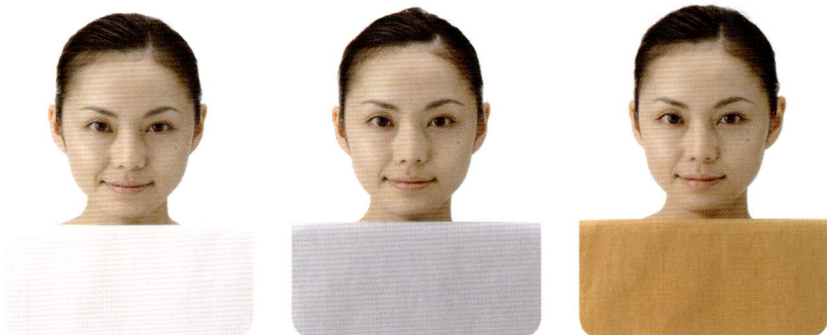

3 中的 2 号
例如：白色
（　　）号

1 中的 2 号
例如：浅灰色
（　　）号

2 中的 2 号
例如：米黄色
（　　）号

在这步胜出的颜色，是比较适合外套、夹克的美肌特权色

（具体例子）

一目了然！差距这么大的美肤效果！

以下面同一模特为例，比较颜色的美肌效果。

1

 1号
 2号
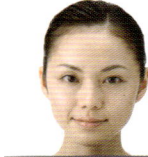

白色
白色使肌肤看起来
透亮美丽

浅灰色
浅灰色显得黑眼圈
稍微凸显

深灰色
深灰色显得黑眼圈
凸显

黑色
黑色显得黑眼圈非
常突出

2

 1号
 2号

象牙白色
象牙白色使肌肤看
起来光滑美丽

米黄色
米黄色使肌肤略显
黯淡

茶色
茶色使肤色黯淡无
光

结果

 1号
 2号
 3号
 4号

象牙白色
象牙白色映衬的肤
色最为美丽

白色
白色也很漂亮

米黄色
略显黯淡，但勉强
过得去

淡灰色
面色苍白、黑眼圈
看起来很明显

37

弄清自己的美肌特权色属于哪个色系

在这个步骤中使用的色彩比对纸

樱红色

橘黄色

金黄色

选择**黄色**系较多的人请翻到 **P42** ➡

粉红色

天蓝色

赤红色

选择**蓝色**系较多的人请翻到 **P44** ➡

在这一步，分别对比两页不同色彩的书签，判断自己的美肌特权色是黄色系还是蓝色系。

从下一页开始，上半部分是黄色系照片，下半部分是蓝色系照片，根据颜色产生的不同肤色效果选择属于自己的美肌特权色。

需要注意的是，这里不是指肤色看起来发黄或者发蓝，而是指不同的色彩产生的不同肤色效果。有很多人肤色发黄，但她们的美肌特权色却是蓝色。所以，请不要先入为主。

1 粉红色和樱红色的对比

如果是黄色系，效果如上面两幅图所示；如果是蓝色系，效果如下面两幅图所示。

美肌

粉红色

粉红色显得脸色苍白，黑眼圈和鼻唇沟凸显。

樱红色

在樱红色的衬托下，皮肤透出光滑紧致的美丽。

美肌

樱红色

樱红色显得皮肤蜡黄浮肿。

粉红色

在粉红色的衬托下，黑眼圈被淡化了，透出一种清爽的美。

39

2 橘黄色和天蓝色的对比

如果是黄色系，效果如上面两幅图所示；如果是蓝色系，效果如下面两幅图所示。

美肌

天蓝色

整个面部都变得黯淡了，黑眼圈凸显，色斑看起来也多了。

橘黄色

在橘黄色的映衬下，皮肤变得白里透红，色斑、黑眼圈也被淡化了。

橘黄色

橘黄色使皮肤看起来像是被日光灼伤似的，黯淡，没有光泽。

美肌

天蓝色

在天蓝色的映衬下，面部清爽白净，黑眼圈和鼻唇沟也不再明显。

3 金黄色和赤红色的对比

如果是黄色系，效果如上面两幅图所示；如果是蓝色系，效果如下面两幅图所示。

赤红色

赤红色使肤色发黑，眼部、眉间都灰暗无光，给人紧张的感觉。

金黄色

在金黄色的映衬下，皮肤显得紧致有光泽，给人明快、柔嫩的感觉。

金黄色

金黄色使肤色显得蜡黄无光，给人疲倦的感觉。

赤红色

在赤红色的映衬下，皮肤紧致、有光泽。

弄清自己的美肌特权色是明还是暗

在这个步骤中使用的色彩比对纸

橘黄色	金黄色	象牙白色
VS	VS	VS
草黄色	草黄色	米黄色

选择**亮黄色**系较多的人请
翻到
P48

选择**暗黄色**系较多的人请
翻到
P52

第1步中选择黄色系的人

第1步中选择黄色系的人，其美肌特权色是明快的。确定黄色系之后，进一步确定是亮黄色系还是暗黄色系。关键看这种颜色衬托肤色后能不能显出肌肤的美。

如果你的美肌特权色是暗色系，那么暗色系能使你的皮肤看起来紧致有弹性，而亮色系不仅使色斑、黑眼圈加重，还使腮部看起来像是被太阳灼伤了似的。当然，如果你的美肌特权色是亮色系，那么暗色系会使你的皮肤看起来黯淡无光，给人很疲倦的感觉，而亮色系则能使你的皮肤问题消失得无影无踪。

1 橘黄色与米黄色的对比

如果是亮黄色系，就会产生以下效果

美肌

米黄色

面色晦暗呆滞，色彩和面部的分界不明显，给人浮肿的感觉。

橘黄色

橘黄色使皮肤紧致有光泽，面部好像也变小了。

2 金黄色与草黄色的对比

美肌

草黄色

草黄色使皮肤黯淡无光，给人疲倦的感觉，黑眼圈也变重了。

金黄色

金黄色使皮肤紧致透亮，色斑不再明显。

3 象牙白色与米黄色的对比

美肌

米黄色

皮肤也变成了米黄色，看起来毫无光泽。

象牙白色

皮肤变得白里透红，皮肤问题消失啦。

天蓝色　　　　赤红色　　　　白色

VS　　　VS　　　VS

普蓝色　　　　玫红色　　　　浅灰色

选择**亮蓝色**系较多的人请翻到 P56

选择**暗蓝色**系较多的人请翻到 P60

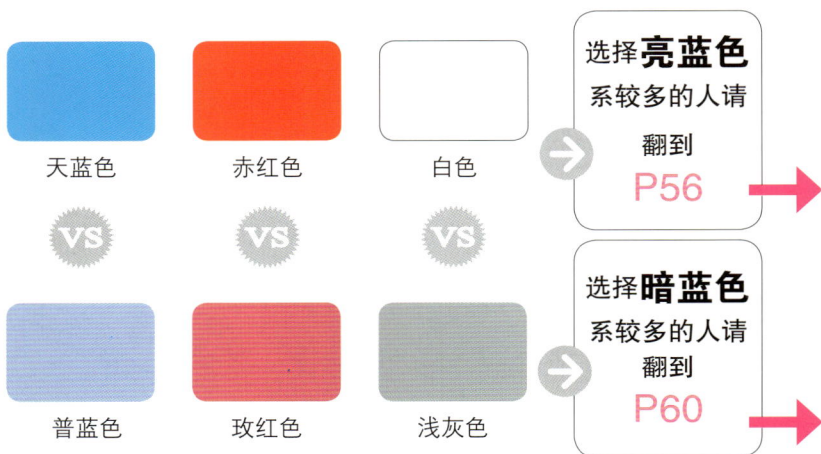

第1步中选择蓝色系的人

第1步中选择蓝色系的人，其美肌特权色是明快的。确定蓝色系之后，进一步确定是亮蓝色系还是暗蓝色系。

虽然都是蓝色，但因为透明度有区别，还是会影响黑眼圈、色斑等皮肤问题的视觉效果。比如，适合亮色系的人如果穿上暗色系的衣服，就会使皮肤黯淡无光，给人昏昏欲睡的感觉，换上暗色系的衣服，整个人瞬间变得容光焕发。反之亦然。

1 普蓝色和天蓝色的比较

如果是暗蓝色系，就会产生以下效果。

美肌

天蓝色

　　天蓝色使黑眼圈、鼻唇沟更为突出，给人呆板的感觉。

普蓝色

　　普蓝色使皮肤光滑美丽，眼睛变得炯炯有神。

2 玫红色与赤红色的比较

美肌

赤红色

　　面色发暗，表情不自然地紧绷。

玫红色

　　玫红色能让你像化了淡妆一样干练、艳丽。

3 浅灰色和白色的比较

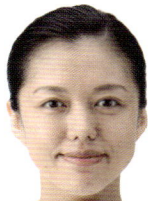

美肌

白色

　　白色有些显眼，使面部显得突兀不自然，鼻唇沟也突出了很多。

浅灰色

　　面部变得紧致干练，黑眼圈也变淡了。

专栏 ②

内藤美加

　　在日本，内藤美加被称为手机小说女王，也是在电视和广播节目中备受人喜欢的爱情小说家。

两张照片的悬殊差别

　　小说家内藤美加也对美肌特权色的威力叹为观止。她的照片经常出现在杂志上，但因为工作过于劳累，有时难免会面带疲倦地出现在杂志上。了解美肌特权色之后，她自信满满的照片开始多了起来。

　　应用了美肌特权色后，工作中认识的编辑们也常常发出这样的邀请："工作之余能不能跟你见面聚聚？"，甚至有比她年龄小的男士发出约会的邀请。

　　如果你喜欢上了美肌特权色的衣服，令人高兴的事情会接连不断！

第四章

完全活用美肌特权色

美肌特权色不是仅仅指衣服的颜色，而是指能把肌肤变得透白美丽的所有色彩，包括化妆品。

活用亮黄色系的美肌特权色

亮黄色系的美肌特权色

罂粟红色	红鹳粉色	砖红色	康乃馨粉色	樱红色
深橘色	橘子色	果子露色	鲜绿色	浅草黄色
太阳花色	金丝雀色	黄色	薄荷蓝色	叶绿色

　　美肌特权色越靠近面部肌肤越能发挥作用，搭配打底衫、毛衣、围巾等效果尤为显著。属于亮黄色系的人，因为搭配的颜色不同，既能给人安详端庄的感觉，也能给人活力四射的印象。

　　如果美肌特权色是亮黄色系，则适合欢快明亮的颜色，晦暗浑浊的颜色效果不好，所以在基础色的使用中应尽量减少灰暗色调。因此，亮白色比起浑浊的茶黄色效果好些。

　　如上文所说，有人适合接近白色的浅色，有人适合深色。关于这点请参照第五章。

　　P34～P37诊断了属于自己的美肌特权色，如果排在最前的两种颜色在下页中，说明你的诊断是正确的。如果不是，请重新诊断一遍。

外套、夹克、套装的美肌特权色

右侧的色彩适合经常穿的衣服。

最下面两种颜色作为机动色，有几件这样的衣服比较好。

如果穿了类似黑色的灾难色夹克、外套，请参考P71灾难色的补救方法。如果是灰色，建议穿亮一点的暖灰色。

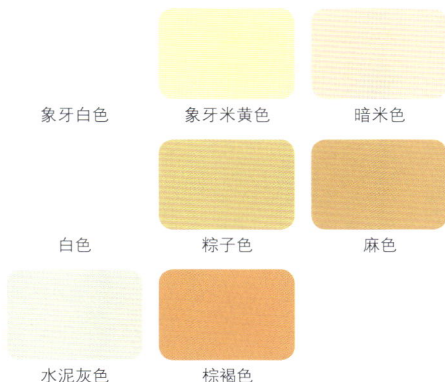

象牙白色

象牙米黄色

暗米色

白色

粽子色

麻色

水泥灰色

棕褐色

贵金属饰物的美肌特权色

美肌特权色是亮黄色的人，适合冷黄色、粉色等。戴这类颜色的耳环、坠饰、手表等，面部、手腕会显得很漂亮。一定不要穿戴青铜色等古朴的颜色。

头发的美肌特权色

如果能把头发染成美肌特权色，不论头发还是肤色都会变得光艳美丽。亮黄色系的人适合暖橘黄色，比如奶茶色、糖茶色、砖褐色、糖浆褐、沙滩褐等。但玫红、血红等效果很不好。

粉底的美肌特权色

如果用了美肌特权色的粉底，到晚上也不会花妆。如果你用的粉底花妆了，那它应该是你的灾难色。

＊暗黄色美肌特权色的粉底亦然。

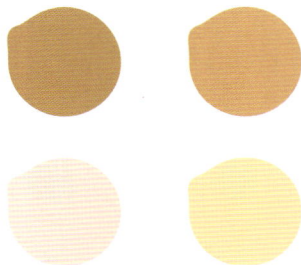

高光的美肌特权色

喜欢淡妆，不涂腮红、眼霜的人一定要使用美肌特权色的高光。从鼻梁、额头、眼睛下部到太阳穴仔细涂匀，整个面部会变得精致考究。推荐使用暖珍珠色、象牙白色、奶油色等。

口红的美肌特权色

仅仅靠改变口红的颜色，就能获得诸如"今天妆化得很漂亮"这样的赞美。同样的口红，涂在不同人的唇部，颜色可能不一样，所以请仔细检查涂上之后的效果。

腮红的美肌特权色

腮红的颜色不得当，会使面部红得不自然，给人刺眼的感觉。腮红面积的大小也会影响效果。如果是美肌特权色的腮红，就会使整个面部显得精致考究。

眼影的美肌特权色

尽量不要用暗色调的眼影，多使用些明快的色彩，眼睑的透明感和立体感倍增。眼影的美肌特权色如右图所示。

指甲油的美肌特权色

涂了美肌特权色的指甲油，手指会显得细长美丽，关节、筋络不再明显。推荐涂上右侧的指甲油去参加沙龙聚会。

活用暗黄色系的美肌特权色

暗黄色系的美肌特权色

番茄红色	红褐色	鲑鱼色	珊瑚色	深橙色
芥末绿	金黄色	绿黄色	青铜黄	黏土色
油绿色	深绿色	抹茶色	橄榄色	灰绿色

美肌特权色越是靠近面部肌肤越能发挥作用，搭配打底衫、毛衣、围巾等效果尤为显著。美肌特权色是暗黄色系的人很适合色彩搭配，试着享受搭配的快乐。

适合暗黄色系的人，其美肌特权色以古朴温暖为特征。不太适合质地鲜亮的色彩，比如纯色、黑白色等完全跟黄色无关的色彩效果不好，橘黄色、茶色等浑浊的色彩比较适合。

秋冬适合穿色彩感较强的衣服，春夏适合穿一些古朴偏亮的衣服。在茶色、橘色上搭配其他的美肌特权色能使人看起来年轻很多。

P34～P37 诊断了属于自己的美肌特权色，如果排在最前面的两种颜色在下页中，说明你的诊断是正确的。如果不是，请重新诊断一遍。

外套、夹克、套装的美肌特权色

右侧的颜色适合平常穿的较为重要的衣服。

春夏时节配合季节感，穿淡橙色衣服会非常完美。

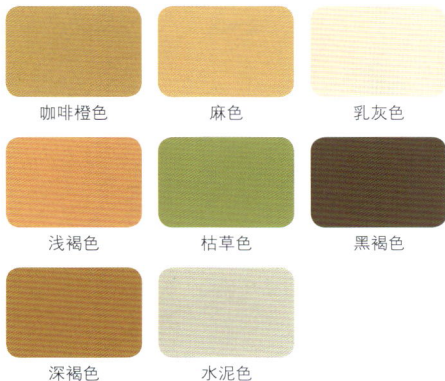

咖啡橙色	麻色	乳灰色
浅褐色	枯草色	黑褐色
深褐色	水泥色	

贵金属饰品的美肌特权色

对于适合暗黄色系的人，耳环等饰物的美肌特权色是亮度不高的色彩，如冷黄色、冷粉色、冷棕色、青铜色等。要注意银饰的选择，不要给人以寒酸的感觉。

头发的美肌特权色

如果能把头发染成美肌特权色，不论头发还是肤色都会变得光艳美丽。暗黄色系的人适合温和端庄的棕色系，比如碳棕色、咖啡棕、可可棕、栗子棕、青铜色等。但玫棕、红棕等色彩的效果不好。

粉底的美肌特权色

　　如果用了美肌特权色的粉底，到晚上也不会花妆。

　　如果你用的粉底花妆了，那它应该是你的灾难色。

　　*暗黄色美肌特权色的粉底亦然。

高光的美肌特权色

　　喜欢淡妆，不涂腮红、眼霜的人一定要使用美肌特权色的高光。从鼻梁、额头、眼睛下部到太阳穴仔细涂匀，整个面部会变得精致考究。推荐使用冷珍珠色、米黄珍珠色。

口红的美肌特权色

　　仅仅靠改变口红的颜色，就能获得诸如"今天妆化得很漂亮"这样的赞美。同样的口红，涂在不同人的唇部，颜色可能不一样的，所以请仔细检查涂上之后的效果。

腮红的美肌特权色

腮红的颜色不得当，会使面部红得不自然，给人刺眼的感觉。腮红面积的大小也会影响效果。如果是美肌特权色的腮红，就会使整个面部显得精致考究。

眼影的美肌特权色

很多人认为灰色很适合黄种人的肤色，实际上并非如此。但对于暗黄色系的你来说，灰色却是美肌特权色。苔绿色效果也不错。

指甲油的美肌特权色

涂了美肌特权色的指甲油，手指会显得细长美丽，关节、筋络不再明显。推荐涂上右侧的指甲油去参加沙龙聚会。

活用亮蓝色系的美肌特权色

亮蓝色系的美肌特权色

赤红色	洋红色	紫红色	山茶粉色	粉红色
深蓝色	海蓝色	天蓝色	粉末蓝色	冰蓝色
祖母绿	粉末绿色	堇色	蓝紫色	深紫色

　　美肌特权色越是靠近面部肌肤越能发挥作用，搭配打底衫、毛衣、围巾等效果尤为显著。亮蓝色系的人如果能把深浅、明暗搭配得层叠有致，会显得品位十足。

　　亮蓝色系清爽干净，以此为美肌特权色的人也给人舒畅、爽朗的感觉，所以这个人群不适合浑浊的黄色系。即使是基础色系，也不要用茶色、橘黄、灰色等，而接近黑色的焦灰色、深灰色和接近白色的象牙白色、水灰色等清澈的颜色效果较好。

　　黑色是特殊的颜色，要想准确判断黑色是不是适合自己，请参照第五章。

　　P34 ～ P37 诊断了属于自己的美肌特权色，如果排在最前的两种颜色在下页中，说明你的诊断是正确的。如果不是，请重新诊断一遍。

外套、夹克、套装的美肌特权色

日常穿的重要衣服，请按照右侧的美肌特权色购买。春夏季节穿白色、水绿色，不仅能增添季节感，还能轻而易举地提升品位。至于灰色，如果像右图所示的纯净的灰色，也是不错的选择。

白色　　　　紫蓝色　　　　冰灰色

黑色　　　　葡萄酒色　　　　常青色

银灰色　　　　灰黑色

贵金属饰品的美肌特权色

以亮蓝色为美肌特权色的人，适合有光泽的银饰、白金饰品等。尤其是耳环、手表、坠饰等，能使面部、手腕的皮肤衬得白皙美丽。金饰会使肤色暗黄无光，佩戴时要格外注意。

头发的美肌特权色

如果能把头发染成美肌特权色，不论头发还是肤色都会变得光艳美丽。以亮蓝色为美肌特权色的人，不适合橘黄色系的褐色，而紫灰色、药褐色、洋李色、玫褐色、青银色等却是不错的选择，去美发店漂染时染成这些颜色，效果都不错。

粉底的美肌特权色

如果用了美肌特权色的粉底，到晚上也不会花妆。如果你用的粉底花妆了，那它应该是你的灾难色。

*暗蓝色美肌特权色的粉底亦然。

高光的美肌特权色

喜欢淡妆，不涂腮红、眼霜的人一定要使用美肌特权色的高光。从鼻梁、额头、眼睛下部到太阳穴仔细涂匀，整个面部会变得精致考究。推荐使用白珍珠色、白色。

口红的美肌特权色

仅仅靠改变口红的颜色，就能获得诸如"今天妆化得很漂亮"这样的赞美。同样的口红，涂在不同人的唇部，颜色可能不一样，所以请仔细检查涂上之后的效果。

腮红的美肌特权色

腮红的颜色不得当，会使面部红得不自然，给人刺眼的感觉。腮红面积的大小也会影响效果。如果是美肌特权色的腮红，就会使整个面部显得精致考究。

眼影的美肌特权色

对你来说眼影的美肌特权色是右侧清爽的颜色。亮银色效果也不错。褐色的眼影给人黯淡的感觉，一定不要用。

指甲油的美肌特权色

涂了美肌特权色的指甲油，手指会显得细长美丽，关节、筋络不再明显。推荐涂上右侧的指甲油去参加沙龙聚会。

活用暗蓝色系的美肌特权色

玫红色	肉粉色	暗粉色	嫩粉色	咖色
灰紫色	薰衣草色	菖蒲色	紫丁香色	青瓷绿色
普蓝色	蓝绿色	暗蓝色	灰色	蓝雾色

美肌特权色越是靠近面部肌肤越能发挥作用，搭配打底衫、毛衣、围巾等效果尤为显著。灰色是暗蓝色系的人最适合的颜色，全身都是灰色的着装能使人变得年轻美丽。

暗蓝色系的特点是温和清凉。因为色泽柔和，所以即使是类似的颜色，也要注意色泽的选择。米黄、茶色等重色调效果不佳，试着穿接近白色的象牙白色、灰色。

秋冬时节，搭配暗灰色、柔系藏蓝、柔系酒红色的靴子、手提包、紧身裤等，会显出很强的季节感。因为暗蓝色系的人很适合灰色，把这个色系的衣服饰品合理搭配，会穿出判若两人的美丽。

P34 ～ P37 诊断了属于自己的美肌特权色，如果排在最前的两种颜色在下页中，说明你的诊断是正确的。如果不是，请重新诊断一遍。

外套、夹克、套装的美肌特权色

平日常穿的重要衣服，请按照右侧的美肌特权色购买。买夹克、外套、裙子、裤子的时候，配合季节感从右侧的颜色中选择，会达到意想不到的效果。如果一定要穿米黄色，那么黄色素较少的粉黄色效果不错。

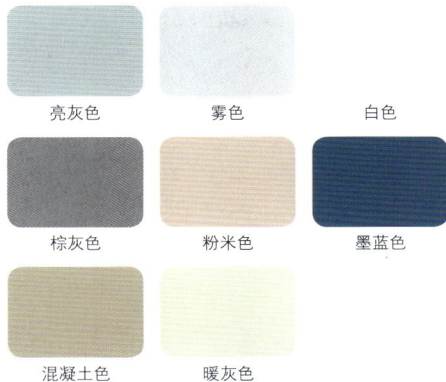

亮灰色　　　雾色　　　白色

棕灰色　　　粉米色　　　墨蓝色

混凝土色　　　暖灰色

贵金属饰品的美肌特权色

以暗蓝色为美肌特权色的人，适合光泽度较低的白金、纯银、藏银饰品等，尤其是耳环、手表、坠饰等。闪闪发光的饰品容易给人轻浮的印象，所以佩戴时要格外注意。

头发的美肌特权色

如果能把头发染成美肌特权色，不论头发还是肤色都会变得光艳美丽。以暗蓝色为美肌特权色的人，不适合浓重的色彩。而珍珠粉色、薰衣草色、莓色、可可色等效果不错，能提升柔和的感觉。

粉底的美肌特权色

如果用了美肌特权色的粉底，到晚上也不会花妆。如果你用的粉底花妆了，那它应该是你的灾难色。

*亮蓝色美肌特权色的粉底亦然。

高光的美肌特权色

喜欢淡妆，不涂腮红、眼霜的人一定要使用美肌特权色的高光。从鼻梁、额头、眼睛下部到太阳穴仔细涂匀，整个面部会变得精致考究。推荐使用白珍珠色、薰衣草色。

口红的美肌特权色

仅仅靠改变口红的美肌特权色，就能获得诸如"今天妆化得很漂亮"这样的赞美。同样的口红，涂在不同人的唇部，颜色可能不一样，所以请仔细检查涂上之后的效果。

腮红的美肌特权色

腮红的颜色不得当，会使面部红得不自然，给人刺眼的感觉。腮红面积的大小也会影响效果。如果是美肌特权色的腮红，就会使整个面部显得精致考究。

眼影的美肌特权色

褐色的眼影是你的灾难色，给人苍老无神的感觉。适合你的眼影如右侧所示，能增强眼睑的透明度和立体感。

指甲油的美肌特权色

涂了美肌特权色的指甲油，手指会显得细长美丽，关节、筋络不再明显。推荐涂上右侧的指甲油去参加沙龙聚会。

Q&A

Q 如何佩戴安抚心灵的颜色和幸运色

A 试着佩戴一些小饰物

美肌特权色可以使人变得年轻美丽，是能给人外貌加分的颜色。

与此相对，安抚心灵的颜色能消除心理上的烦恼，是对心理有好处的颜色。幸运色被当做一种有魔力的色彩，可以给人带来好运。

这两种颜色不是以美化外表为目的的，所以不论是占卜，还是为治愈心灵创伤而佩戴的颜色，都有可能使皮肤问题更为突出，面色黯淡无光。

如果这两种颜色刚好是你的灾难色，请不要穿这种颜色的衣服，试着戴些小饰物来达到目的。

第五章

探寻美肌特权色的极致

下面介绍美肌特权色的极致，能让你从灰姑娘瞬间变成众人瞩目的白雪公主。

探寻美肌特权色的极致能使你从灰姑娘变成白雪公主

1 准备好适合你风格的色彩比对纸。

2 分别把不同颜色的书签平举在面部下方，比较皮肤的透明度、皮肤问题等。哪种颜色能使皮肤更吸引别人的目光，就给这种颜色标上序号。

3 排在前两位的颜色就是你美肌特权色中的极致色彩。

* 如果排序靠前的色彩不属于同一色系，请重新做诊断。

　　大家应该已经了解美肌特权色并不是只有一种，而从数种美肌特权色中选出最为出众的一种，这就是美肌特权色的极致。

　　穿上这种色彩的衣服，即使不化妆，人也能显得容光焕发。如果细致地化个妆，周围的人都会惊叹："她变漂亮了！"

　　去高档餐厅参加同学会或者聚餐的时候，一套合适的衣服能帮你变成一道亮丽的风景。

　　也就是说，能把你从灰姑娘变成白雪公主的颜色，就是你美肌特权色中的极致色彩。

亮黄色系
美肌特权色的极致

亮黄色系中的极致美肌特权色给人以明亮开朗的感觉。既有人适合浅一些的黄色，也有人适合鲜艳的黄色。

在这个步骤中使用的色彩比对纸

象牙白色、粉红色排序靠前的人的极致美肌特权色

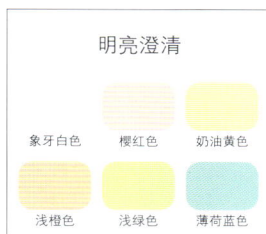

明亮澄清

象牙白色　樱红色　奶油黄色

浅橙色　浅绿色　薄荷蓝色

象牙白色

樱红色

樱红色、金黄色或象牙白色、金黄色排序靠前的人的极致美肌特权色

明亮鲜艳

康乃馨粉色　橙红色　鲜黄色

橙色　草绿色　象牙黄色

橙色

金黄色

橙色、金黄色排序靠前的人的极致美肌特权色

浓烈鲜艳

赤红色　玫红色　金黄色

暗橙色　绿色　蓝色

暗黄色系
美肌特权色的极致

暗黄色系的极致美肌特权色中，既有稍微明亮些的色彩，也有青涩浓烈的颜色。美肌特权色因人而异。

在这个步骤中使用的色彩比对纸

象牙白色

米黄色

樱红色

草黄色

茶色

象牙白色、米黄色排序靠前的人的极致美肌特权色

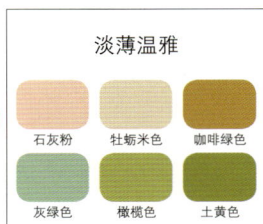

淡薄温雅

石灰粉	牡蛎米色	咖啡绿色
灰绿色	橄榄色	土黄色

米黄色、樱红色排序靠前的人的极致美肌特权色

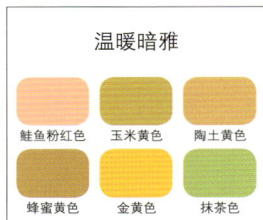

温暖暗雅

鲑鱼粉红色	玉米黄色	陶土黄色
蜂蜜黄色	金黄色	抹茶色

米黄色、芥末色或者樱红色、芥末色排序靠前的人的极致美肌特权色

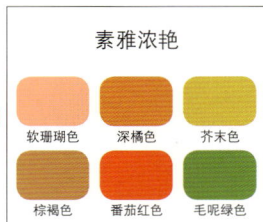

素雅浓艳

软珊瑚色	深橘色	芥末色
棕褐色	番茄红色	毛呢绿色

茶色排序靠前的人的极致美肌特权色

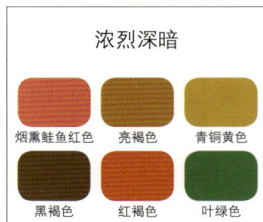

浓烈深暗

烟熏鲑鱼红色	亮褐色	青铜黄色
黑褐色	红褐色	叶绿色

亮蓝色系
美肌特权色的极致

亮蓝色系的极致美肌特权色中，既有鲜艳的色彩，也有明快的白色、黑色。哪种颜色是美肌特权色的极致呢？这是因人而异的。

在这个步骤中使用的色彩比对纸

白色、粉红色排序靠前的人的极致美肌特权色

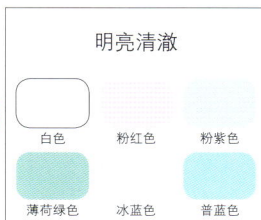

明亮清澈

白色 | 粉红色 | 粉紫色
薄荷绿色 | 冰蓝色 | 普蓝色

粉红色、天蓝色或白色、天蓝色排序靠前的人的极致美肌特权色

明亮鲜艳

紫红色 | 山茶粉色 | 堇色
祖母绿色 | 海蓝色 | 天蓝色

天蓝色、赤红色排序靠前的人的极致美肌特权色

浓烈鲜艳

赤红色 | 洋红色 | 蓝紫色
叶绿色 | 紫蓝色 | 纯紫色

黑色、赤红色排序靠前的人的极致美肌特权色

浓烈暗雅

黑色 | 黑红色 | 葡萄紫色
常青色 | 紫蓝色 | 黑紫蓝色

黑色、白色排序靠前的人的极致美肌特权色

低彩色系

白色 | 黑色 | 紫蓝色
黑紫蓝色 | 冰粉色 | 粉末蓝色

 白色

 粉红色

 天蓝色

 赤红色

 黑色

暗蓝色系
美肌特权色的极致

虽然暗蓝色系的极致美肌特权色是易于搭配的色系，但有的人适合发白的淡色，有人适合浑浊的暗色。

在这个步骤中使用的色彩比对纸

白色

白色、普蓝色或白色、浅灰色排序靠前的人的极致美肌特权色

发白的淡色

暖白色　　粉末粉色　　丁香花色
雾色　　普蓝色　　青瓷绿色

普蓝色

浅灰色

普蓝色、浅灰色排序靠前的人的极致美肌特权色

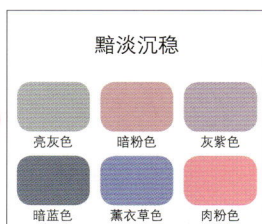

黯淡沉稳

亮灰色　　暗粉色　　灰紫色
暗蓝色　　薰衣草色　　肉粉色

玫红色

深灰色

玫红色、深灰色排序靠前的人的极致美肌特权色

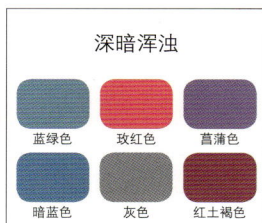

深暗浑浊

蓝绿色　　玫红色　　菖蒲色
暗蓝色　　灰色　　红土褐色

灾难色的补救方法

✚ 补救的小办法 ✚

用粉色围巾补救　　　　　　　用蓝色衬衣补救

　　已经找到属于自己的美肌特权色了吧？是不是有人说："我手边的衣服几乎全是灾难色。"也有人因为工作中穿的衣服大多是灾难色的而烦恼。在这里介绍一下灾难色的补救方法。

　　灾难色和美肌特权色一样，越是靠近面部越能发挥效果，远离面部的裤子、裙子、鞋子、手提包等的效果不是非常明显。如果外套、夹克是灾难色，围一条围巾，穿一件衬衣或者高领毛衣，或披一条披肩，用美肌特权色装扮面部周围，效果就不一样了。

　　参考下一页的图表，选择衣服的灾难色和用以调和的美肌特权色，这就是你的补救色。也许有人问："做了色彩诊断，时尚的范围不就缩小了吗？"这是一种误解，只有真正理解了美肌特权色和灾难色，才能更好地把握时尚。

灾难色和补救色搭配使用

灾难色	亮黄色系			暗黄色系		
	灰色	藏蓝	黑	灰色	藏蓝	黑
补救色	樱红	樱红	象牙黄	鲑鱼红	牡蛎灰	牡蛎灰
	橙红	奶黄	樱红	珊瑚色	鲑鱼红	深橘
	罂粟红	象牙米黄	康乃馨粉	番茄红	陶土黄	番茄红
	黄	橘黄	罂粟红	灰黑	芥末黄	毛呢绿

灾难色	亮蓝色系			暗蓝色系			
	米黄	茶	灰	米黄	茶	藏蓝	黑
补救色	黑	白	粉红	暗粉	暗粉	灰紫	灰紫
	赤红	普蓝	赤红	暖白	暖白	暗粉	薰衣草
	紫蓝	粉红	深紫蓝	玫红	暗蓝	亮灰	暗蓝
	葡萄紫	紫蓝	紫蓝	蓝绿	蓝绿	蓝绿	玫红

专栏 ④

Q&A

Q 既有美肌特权色，也有灾难色的衣服怎么办

A 只要不在面部附近大量使用灾难色就没关系

　　如前面所述，面部附近大面积使用的颜色能对视觉效果产生很大的影响，所以即使穿了灾难色的衣服，只要在面部附近搭配使用美肌特权色就没关系了。

　　如穿了有花纹的衣服，即使衣服含有大量灾难色，只要这件衣服整体上美肌特权色的面积比较大，那么效果还是可以的。

　　但如果灾难色占了大部分，效果就不那么乐观了。

　　另外，如果衣服的材质发生变化，颜色的亮度也会跟着发生变化。即使是相近的颜色，质地发亮或发暗都会影响美肤效果。这点一定要注意。

寻找能够带来美体效果的颜色

你一定有这样的亲身体会。穿上和肤色相近的衣服，既有可能起到负面作用，沦为灾难色，也有可能变成令人兴奋的美肌特权色。两种相邻的色彩，就能产生各种各样的效果，色彩真是奇妙。

再悄悄告诉大家一点。

实际上造成视觉错觉的不仅仅是颜色，也包括形状。请看下图。

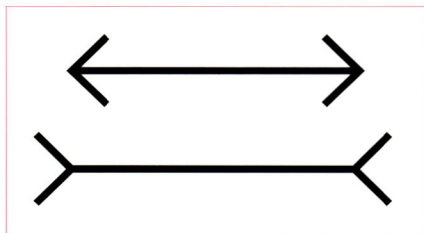

中间的直线虽然是相同的长度，但因为两头的图形不同，中间直线的长度看起来就不一样了。这是眼睛的错觉造成的效果。同样的道理，我们装扮在身上的各种"形状"，虽然没有美肤效果，却可能有"美形效果"。

所谓身上的形状，是指短衫、花纹、紧身裤、耳环、眼镜、手提包等饰物的形状，也就是所谓的时尚造型。

比如一条同是美肌特权色但款式不同的围巾，一条是 V 字形的，一条是方形的。你肯定觉得不论戴哪条都能使自己面部光滑透亮，整个人都变年轻了。

真正戴上一试却发现，"这条好像看起来更漂亮"，这就是你的"美形款式"。

美形款式能使面部五官变得更和谐，整个人会显得更有魅力。穿上美肌特权色和美形款式的衣服，整个人会像被施了魔法一样美丽。

那么，什么样的款式是属于你的美形款式？与美肌特权色不同，美形款式和人的五官有关。即使你和好友拥有相同的美肌特权色，但因为你们的五官不同，所以你们的美形款式也就不一样了。

明明穿上了美肌特权色的衣服，效果却不怎么好，很可能这件衣服恰好是你的灾难款式。试一下这个颜色的各种不同款式的衣服，尝试着诊断自己的美形款式。

结 束 语

我从事这个工作最快乐的事，莫过于看到好久不见的顾客，因为做了色彩诊断后能灵活应用，变得判若两人地美丽，整个人充满自信和活力。

在诊断的时候，用美肌特权色衬托面部，加上本来就得体的彩妆，我们不难想象自己将发生多大的变化。实际上，我们每次都能变得比想象中更漂亮。

经常欣赏艺术品，自己的鉴赏力自然会提高。同样的，如果每天都能看到自己美丽良好的状态，自己的审美品味也会逐渐提高。

渐渐地，你就会明白怎么在自己的外形上下工夫。这时，不论是周围的人夸奖你，还是在镜子中看到自己的容颜，都能毫不动摇地按照自己的审美自信地装扮自己。

越是至今为止一直穿着灾难色衣服的人，越能切身感受美肌特权色的神奇效果。

如果把美容、化妆比作肥料，那么来自周围的赞美就像日光一样。

如同一直日照不足的植物，突然变得水灵灵，长出美丽茂盛的叶子一样，每天的生活都变得自信快乐。聚会变成愉快的事情，不知不觉中朋友增多了，活动范围变广了……许多人的人生随之改变，透出判若两人的活力和生机。

这些变化仅仅源自穿衣色彩的改变。你只需要在买衣服的时候稍微注意一下就可以了。

　　只靠这么点变化，就能产生这么大的效果，这就是美肌特权色不可思议之处。

　　我一直热切地盼望女性同胞们能了解并活用美肌特权色。能得到这次出版机会，我感到万分高兴。借此机会，向这本书的读者和在出版中给予我各种帮助的人致以崇高的感谢。

TITLE：［美肌特権色すぐ１０歳キレイになる！］

BY：[保坂 真里奈]

Copyright © Marina Hosaka 2008
Original Japanese language edition published by Daiwa Shobo Co.,Ltd.
All rights reserved. No part of this book may be reproduced in any form without the written permission of the publisher.
Chinese translation rights arranged with Daiwa Shobo Co.,Ltd.
Tokyo through Nippon Shuppan Hanbai Inc.

©2010，简体中文版权归辽宁科学技术出版社所有。
本书由日本大和书房授权辽宁科学技术出版社在中国范围独家出版简体中文版本。著作权合同登记号：06－2009第164号。

版权所有·翻印必究

图书在版编目（CIP）数据

美肌特权色／（日）保坂真里奈著；卞磊译.—沈阳：辽宁科学技术出版社，2010.9

ISBN 978−7−5381−6505−0

Ⅰ.①美…　Ⅱ.①保…②卞…　Ⅲ.①女性－皮肤－护理－基本知识②女性－美容－基本知识　Ⅳ.①TS974.1

中国版本图书馆CIP数据核字（2010）第115686号

策划制作：北京书锦缘咨询有限公司(www.booklink.com.cn)
总 策 划：陈 庆
策　　划：李 杨
版式设计：刘敬利

出版发行：辽宁科学技术出版社
　　　　　（地址：沈阳市和平区十一纬路29号　邮编：110003）
印 刷 者：北京天成印务有限责任公司
经 销 者：各地新华书店
幅面尺寸：148mm×210mm
印　　张：3.5
字　　数：180千字
出版时间：2010年9月第1版
印刷时间：2010年9月第1次印刷
责任编辑：谨　严
责任校对：合　力

书　　号：ISBN 978−7−5381−6505−0
定　　价：22.80元

联系电话：024−23284376
邮购热线：024−23284502
E－mail：lnkjc@126.com
http：//www.lnkj.com.cn
本书网址：www.lnkj.cn/uri.sh/6505

附 色彩比对纸（二6张）

帮你轻松找到属于自己的美肌特权色！

附　色彩比对纸（16张）